BEI GRIN MACHT SICH IHR WISSEN BEZAHLT

- Wir veröffentlichen Ihre Hausarbeit, Bachelor- und Masterarbeit

- Ihr eigenes eBook und Buch - weltweit in allen wichtigen Shops

- Verdienen Sie an jedem Verkauf

Jetzt bei www.GRIN.com hochladen und kostenlos publizieren

Alona Gordeew

Geoarchäologie in Aksum, Äthiopien

GRIN Verlag

Bibliografische Information der Deutschen Nationalbibliothek:

Die Deutsche Bibliothek verzeichnet diese Publikation in der Deutschen National-
bibliografie; detaillierte bibliografische Daten sind im Internet über http://dnb.d-
nb.de/ abrufbar.

Impressum:

Copyright © 2011 GRIN Verlag GmbH
Druck und Bindung: Books on Demand GmbH, Norderstedt Germany
ISBN: 978-3-640-82597-4

Dieses Buch bei GRIN:

http://www.grin.com/de/e-book/166503/geoarchaeologie-in-aksum-aethiopien

Literaturverzeichnis

Abbildungs- und Tabellenverzeichnis

1. Einleitung

Das Aksumitische Reich, das etwa 150 v. Chr. in Nordäthiopien entstand und fast ein ganzes Jahrtausend währte, stellt in vielerlei Hinsicht eine Besonderheit dar. So ist es das einzige afrikanische Königreich südlich der Sahara, das zivilisatorisch einen so hohen Standard erreichte, dass es sogar der europäischen antiken Welt bekannt war und im internationalen Handel mitwirkte. Eigene geprägte Münzen und viele architektonische Meisterleistungen wie die bis zu 20 m hohen Stelen zeugen bis heute von dieser Hochkultur. Gleichzeitig aber gilt Äthiopien heute als eines der ärmsten Länder der Welt, das immer wieder von Dürre- und Hungerperioden heimgesucht wird und es scheint schwer nachzuvollziehen, wie eine heute so von Naturkatastrophen gezeichnete Region einst eine politisch so wichtige Rolle spielen konnte.

Klassischerweise beschäftigten sich v.a. Archäologen mit den zahlreichen Relikten der vergangenen Zivilisation und versuchen, ein Bild der Geschichte und der Kultur anzufertigen. Doch gerade im Falle vom Aksumitischen Reich reichen ihre klassischen Forschungsansätze nicht aus, da Fragen über den Wasserhaushalt und die Ergiebigkeit der landwirtschaftlichen Produktion in eine Sackgasse führen. Beantworten lassen sich diese Fragen nur über eine Landschafts- und Klimarekonstruktion, welche für das Verständnis dieser Hochkultur eine Schlüsselrolle einnehmen. So werden auch Wissenschaftler aus anderen Fachdisziplinen wie der Geoarchäologie zu Rate gezogen, um ein Gesamtbild der Zivilisation in ihrer Umwelt zu schaffen.

Während Archäologen schon seit Anfang des 20. Jh.s in Aksum Grabungen durchführen, gibt es noch sehr wenige geoarchäologische Untersuchungen. Dabei fand gerade in Aksum Pionierarbeit in diesem Bereich statt, als Anfang der 1970er Jahren Karl Butzer historische Fragen wie die Gründe des Untergangs des Aksumitischen Reiches unter geoarchäologischen Aspekten betrachtete. Er brachte mit seinen Ergebnissen zum ersten Mal den gewandelten Umweltfaktor in die Erklärungsansätze ein und veränderte damit die Geschichtsbücher. Doch die politisch instabile Situation von 1974-1993 machte weitere archäologische wie geoarchäologische Expeditionen fast unmöglich. Dabei entwickelten sich die geoarchäologischen Methoden in dieser Zeit weiter und wurden immer stärker zum integralen Bestandteil der Archäologie, da deutlich wurde, welche Möglichkeiten in ihnen steckten, um die klassisch archäologischen Erklärungsversuche stellenweise zu untermauern bzw. zu korrigieren. Erst in den 1990er Jahren wagte ein (geo-)archäologisches Team wieder den Weg nach Aksum und veranlasste Fernerkundungen, um aus der Luft noch weitere mögliche Fundstätten kostensparend ausfindig zu machen. Auch kam die Methode des elektromagnetischen Georadars und der geoelektrischen Widerstandstomographie zum Einsatz, um vermutete unterirdische Gräber aufzuspüren. Doch die wieder ausgebrochenen Unruhen Anfang des neuen Jahrtausends unterbrachen die Forschungen erneut. Erst in jüngster Vergangenheit zog es wieder eine Gruppe von Geoarchäologen nach Aksum, die sich mit Fragen der Wasserhaushaltung und der landwirtschaftlichen Praktiken des aksumitischen Reiches beschäftigten und tradierte Fehlannahmen über die Landschaftsinstabilität aufdeckten.

2. Historischer Überblick über das Aksumitische Reich

Mit dem Aufkommen der Zivilisation in Ägypten tritt Ostafrika in die Geschichte der Hochkulturen ein. Bereits im 3. Jahrtausend v. Chr. wurden aus Ostafrika Handelsprodukte wie Weihrauch, Myrrhe, Gold und Erzeugnisse aus wilden Tieren über ein weites Handelsnetzwerk vertrieben, das sich von Ägypten über den Sudan, Eritrea und Somalia bis an die Südspitze der Arabischen Halbinsel erstreckte und die Regionen mit verschiedenen Gütern versorgte. Als jedoch um 1080 v. Chr. das Neue Reich in Ägypten unterging, kollabierte der Handel mit dem Horn von Afrika. Dies schuf wiederum ein Machtvakuum für neue Zivilisationen, die das Rote-Meer-Gebiet unter ihren Einfluss brachten. So entstanden in der Folgezeit im heutigen Jemen das Reich von Saba, das sich von der Arabischen Halbinsel aus am Horn von Afrika ausbreitete, sowie im Norden von Äthiopien und Eritrea das Reich von Da'amot (Abbildung 2). Inwiefern diese Reiche kulturell eigenständig

Abbildung 2: Historische Karte, die das Reich von Saba und von Daamot zwischen 750-500 v. Chr. abbildet (verändert: Dumont Atlas der Weltgeschichte 2000, 35).

voneinander waren, ist nicht geklärt; Indizien wie einige Gemeinsamkeiten bezüglich religiöser Bräuche und der Schrift sprechen dafür, dass eine semitische Migrationswelle Mitte des ersten Jahrtausends v. Chr. von der Südarabischen Halbinsel nach Nordäthiopien und Eritrea das Wissen ihrer Hochkultur mitbrachte. Dieser Annahme nach hätte sich das Reich von Da'amot erst mit der Zeit von der Hochkultur vom anderen Ufer des Roten Meeres politisch wie kulturell unabhängig gemacht, sodass eine Mischform der Sabaischen Kultur mit den Kulturen der einheimischen Bevölkerung entstehen konnte (Michels 2005, x-xiii). Möglicherweise ist mit dieser Migrationswelle die Existenz der noch heute in Äthiopien ansässigen Juden zu erklären (Lexikon Alte Kulturen 1990, 229).

Um 400 v. Chr. ist der Untergang des Reichs von Da'amot zu verzeichnen, parallel zu einigen weiteren Veränderungen in Ägypten und dem Roten-Meer-Gebiet: So konnte das Ptolemäerreich die Kontrolle über den Handel im Roten Meer an sich reißen, das Reich von Kusch verlegte sein Machtzentrum nach Meroe und das Sabaische Reich büßte seinen Einfluss auf die Spitze des Horns von Afrika ein. Das neue Machtvakuum, das der Niedergang des Reichs von Daamat nach sich zog, erlaubte es wiederum lokalen Eliten, ihre Macht auszubauen und am überregionalen Handel teilzunehmen, der den Mittelmeerraum mit Ägypten, dem Nahen Osten und sogar Indien verband. Eines dieser neuen kleinen Machtzentren wurde von Archäologen auf dem Berg Bieta Giyorgis bei Aksum ausgemacht. Dort wurden unterirdische Grabstätten mit Stelen und ein Residenzkomplex gefunden, welche noch auf die Zeit vor dem Beginn des Aksumitischen Reiches datiert werden. Diese Phase nach dem Untergang des Reichs von Da'amot und vor dem Beginn des Aksumitischen Reichs wird allgemein als Protoaksumitische Zeit bezeichnet.

Bis 150 v. Chr. hatten sich die lokalen Machtzentren zusammengeschlossen und bildeten ein Gebiet, das vom Tigray-Hochland bis an die Küste des Roten Meeres reichte. Adulis bildete dabei die Pforte für den Handel mit Gütern aus dem Hinterland. Zu diesen gehörten laut antiken Quellen Elfenbein, Rhinozeroshörner, Nashornleder, Sklaven und Goldstaub. Zudem diente Adulis auch als Umschlagplatz für mediterrane und indische Güter; zeitweise kontrollierte diese Hafenstadt sogar

den Weihrauchhandel. Die Bedeutung von Adulis für den Handel im Roten-Meer-Gebiet wird sogar um ca. 70 n. Chr. in dem *Periplus Maris Erythraei* als erster großer Handelspunkt auf dem Weg von Mittelmeer nach Indien hervorgehoben (Abbildung 3). Doch schon damals stellte die Piraterie in dieser Region ein wichtiges Problem für den Handel dar. Dies könnte auch der Grund für eine Zentralisierung der Macht im Aksumitischen Reich hin zu einer Monarchie (ab 150 n. Chr.) gewesen sein, denn die lokalen Eliten waren wahrscheinlich sehr am Ausbau des Handels interessiert. So hat sich das Königtum der Sicherung der Handels-

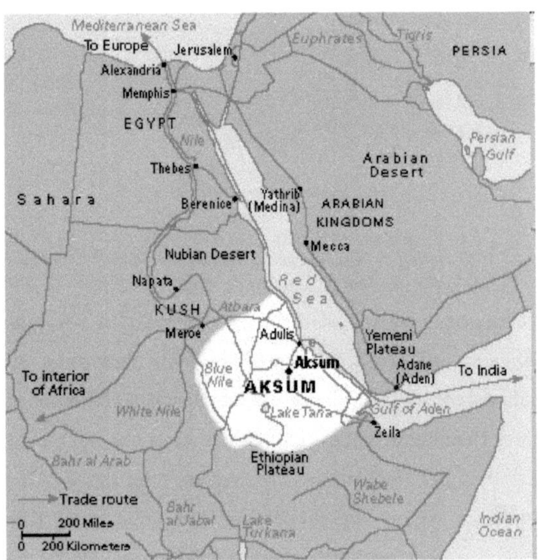

Abbildung 3: Handelsrouten des Aksumitischen Reichs (Quelle: http://static.howstuffworks.com/gif/willow/history-of-africa0.gif).

wege auf dem Roten Meer angenommen, was königlichen Inschriften zu entnehmen ist. Was auch immer die Gründe für die Entwicklung zu einer Monarchie gewesen waren, mit Beginn der Monarchie 150 n. Chr. begann die Blütephase des Reiches, die bis 500 n. Chr. anhielt. Es dehnte sich im 4. Jh. sogar über den Sudan und den südlichen Teil der Arabischen Halbinsel aus und prägte eigene Münzen, wie in Abbildung 4 und 5 zu sehen ist (Michels 2005, xiii-xv).

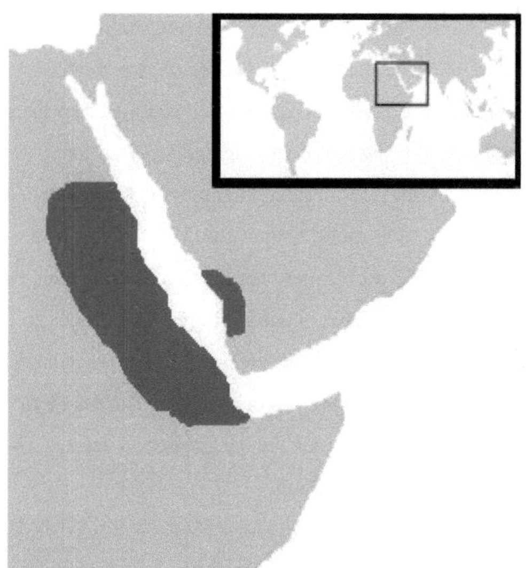

Abbildung 4: Die Ausdehnung des Aksumitischen Reichs während des 4. Jh. n. Chr. (http://de.wikipedia.org/wiki/Aksumitisches_Reic h).

Abbildung 5: Aksumitische Münzen aus dem späten 3. Jh. n. Chr. (http://de.wikipedia.org/wiki/Aks umitisches_Reich).

Während die Hauptstadt in der frühen Phase des Reiches auf dem Berg Beta Giyorgis lag, wurde sie in der darauffolgenden mittleren aksumitischen Phase (150-350 n. Chr.) in die Ebene unterhalb von Beta Giyorgis umgesiedelt, wo Begräbnisstätten mit Stelen und verschiedene Wohnbereiche für die Führungselite angelegt wurden. Mit der zunehmenden politischen Macht des Aksumitischen Reichs, das Mitte des 4. Jh.s seinen Höhepunkt erreichte, wuchs auch seine Hauptstadt an. Aksum war im seiner so genannten mittleren Phase (350-550 n. Chr.) zu einem großen urbanen Zentrum von 79 km² angewachsen, das viele kleinere, mittlere und größere Siedlungen und Werkstätten beinhaltete. Diese umgaben wiederum einen städtischen Kern, in dem sich die politische, religiöse und wirtschaftliche Infrastruktur befand (Fattovich 2000, 24f.). Die Einwohnerzahl wird auf ca. 42.000 geschätzt (Michels 2005, 157).

Eine Besonderheit in der Geschichte des Aksumitischen Reichs stellt seine frühe Christianisierung dar. Die christliche Religion kam über internationale Händler in das ferne Königreich in Ostafrika, wo sich ihr König Esana bereits 330 n. Chr. zu ihr bekannte und sie zur Staatsreligion erklärte, 50 Jahre bevor dies in Rom geschehen sollte. So findet sich in der antiken Stadt Aksum die Krönungskirche Marjam Sejon aus dem 4. Jh., in der Überlieferungen nach die Jerusalemer Bundeslade bis heute aufbewahrt werden soll. Bis in die Gegenwart hinein wird immer ein Priester auserkoren, der bis zu seinem Tode die Bundeslade bewacht. (Lexikon Alte Kulturen 1990, 73f.) Die späte Phase des Aksumitischen Reichs wurde mit dem Beginn des langsamen Unterganges eingeleitet, der zwischen 500 und 550 n. Chr. einsetzte. Archäologen begründeten diesen Zusammenbruch mit den ab 577 n. Chr. einsetzenden Eroberungszügen der islamisierten Perser, die sich in der darauffolgenden Zeit auch in Ostafrika ausbreiteten und letztendlich im 8. Jh. das Aksumitische Reich vom Roten Meer und damit vom internationalen Handel abschlossen. Auch in der Folgezeit gelang es dem Aksumitischen Reich nicht mehr, seinen Einfluss auf das Rotes-Meer-Gebiet wiederzuerlangen. Im 9. Jh. wurde überdies die Hauptstadt Aksum aufgegeben und ein Jahrhundert darauf usurpierten aufständische Stämme aus Zentraläthiopien, welche zu länger anhaltenden innenpolitischen Umwälzungen und schließlich 1140 zu einer neuen Dynastie führten, der Sagwe-Dynastie. Diese verlegte das Machtzentrum vom Tigray zu den Hochländern in der Welo-Region (siehe Abbildung 6) und ließ dort die bekannten Felsenkirchen errichten. (Michels 2005, xiv-xvi). In Abbildung 7 ist solch eine aus Lalibela zu sehen.

Abbildung 7: Typische Felsenkirche (http://katieprescott.co.uk /block/wp-content/uploads/2009/ 09/IMG_2485-225x300.jpg).

Abbildung 6: Regionen in Ethiopien, Maßstab 1:160 000 (verändert: National Atlas of Ethiopia 1988, 32).

Trotz des politischen Umbruchs fand kein scharfer kultureller Bruch mit der aksumitischen Vergangenheit statt, da die äthiopisch-orthodoxe Kirche zum neuen kulturellen Zentrum und Traditionsbewahrer wurde – ähnlich wie das Christentum in Europa nach dem Niedergang des Römischen Reichs. Viele aksumitische Traditionen wie die Schrift, die Sprache und die Architektur überlebten in ihren Institutionen (Michels 2005, xv-xvi).

Ungeachtet der vielen Zeugnisse dieser Hochkultur sind immer noch weite Bereiche der historischen und kulturellen Entwicklung kaum erforscht. So versuchen Wissenschaftler Fragen über den Ursprung und die Vorläufer des Reiches zu beantworten, die bis zur Sesshaftwerdung der Bevölkerung Ostafrikas hineinreichen. Aber auch der Untergang des Reiches im siebten und achten Jahrhundert wirft trotz der relativen Nähe zur Gegenwart immer noch viele Fragen auf (Fattovich 2000, 23-26). In letzter Zeit werden deswegen immer öfter Geoarchäologen zu Rate gezogen, da rein archäologische Studien diese Fragen wohl nicht beantworten werden können.

3. Eine geographische Beschreibung dieser Region

Das Zentrum des Aksumitischen Reichs befindet sich in Nordäthiopien in einer Hochlandregion mit einer Erhebung von 2100-2400 m, die sich stufenweise 500 m in südlicher und nördlicher Richtung von Aksum von den wilden Talsystemen der episodisch fließenden Mareb- und Tekezzeflusses erhebt. Die Hauptstadt Aksum liegt entlang des südlichen Fußes der Berggruppe aus Syeniten-Zapfen, welche zwischen 200-250 m aus der Ebene emporragen. Die historische Stadt, welche mit der heutigen Stadt Aksum geographisch übereinstimmt und eine ähnlich große Ausdehnung wie die antike Stadt einnimmt, befindet sich im ca. 1 km breiten Ausgang des Tals zweier solcher kuppelförmigen Berge, Beta Giyorgis und Mai Qoho, zwischen den jahreszeitlich bedingt fließenden Bächen Mai Lahlaha und Mai Hejja, die auf eine 3 km breite und 8 km lange nordöstliche Absenkung treffen. Lokale Hangfußflächen haben eine durchschnittliche Inklination von 2-4 Grad, die von den Mittelbergflächen mit Steilhängen von 22-45 Grad abgehen. Beide, konkave und konvexe Wechsel der geneigten Flächen sind größtenteils gleichmäßig eben und abgerundet, mit einigen Anzeichen von langfristiger Druckentlastungsverwitterung (Butzer 1981, 474).

Klimatisch geprägt ist die Region durch eine trockene, zu weilen sehr trockene Phase von 10 Monaten im Jahr von September bis Juni. Jährlich fällt nur zwischen 600 und 800 mm Niederschlag. Nur der Juli und der August sind feuchte Monate, in denen bereits 69% des jährlichen Niederschlags fallen. Während dieser beiden Regenmonate ist es kälter als während der Trockenzeit. So werden in den kältesten Monaten Juli und August Durchschnittstemperaturen von

18°C und im wärmsten Monat Januar 23°C gemessen, wie am Klimadiagramm zu sehen ist (Butzer 1981, 475f.).

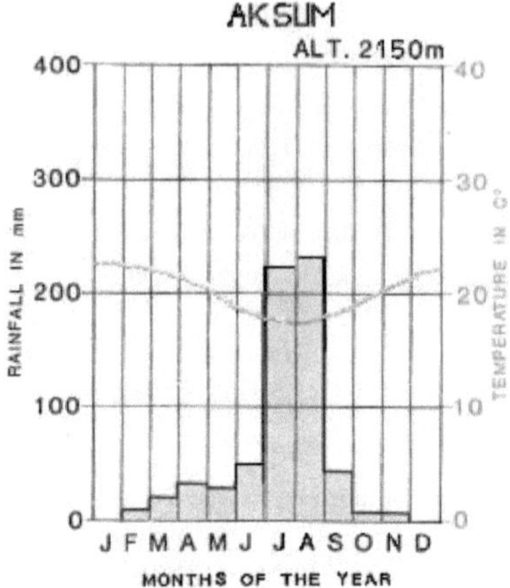

Abbildung 8: Klimadiagramm von Aksum,
erstellt nach Butzer 1981, 475f. und National
Atlas of Ethiopia 1988, 16.

Typische Böden sind Vertisole und Cambisole und die vorherrschende Vegetation kann als Gebirgssavanne beschrieben werden, welche durch mittelhohe Gräser, reichlich Stauden und Sträucher sowie bisweilen kleinere Bäume, darunter v.a. die Akazien, die Afrikanische Olive oder Echinops geprägt ist. Großflächige Wälder sind nicht vorhanden, jedoch vermuteten Geoarchäologen der ersten Generation und bestimmte Archäologen sogar bis in die jüngste Vergangenheit, „that the natural plant cover was an open, mainly deciduos woodland on well drained ground, more scrubby on steep rocky slopes, and with evergreen elements such as cedars, figs and palms", (Butzer 1981, 476; Michels 2005, 1). So sei erst mit der Besiedlung durch den Menschen diese Pflanzendecke verschwunden und eine Landschaftsdegradation eingetreten. Dies wird jedoch durch neueste geoarchäologische Untersuchungen bestritten, wie noch im Verlauf dieser Arbeit beschrieben wird.

4. Geoarchälogische Untersuchung von Karl Butzer in den 1970er

Die ersten geoarchäologischen Untersuchungen wurden den 1970er Jahre von dem Geographen Karl Butzer durchgeführt, der historische Fragen wie die Gründe des Untergangs des Aksumitischen Reiches unter geoarchäologischen Aspekten betrachtete. Seine Beobachtung, dass die jetzige Bodenqualität und Niederschlagsmenge nicht dazu ausgereicht hätten, eine Hochkultur in Aksum entstehen zu lassen und zu unterhalten, führte zu weiteren Fragen: „Was the enviroment more productive in Axumite times? Have climate and enviroment changed since?" (Butzer 1981, 476). So wurden innerhalb des antiken Zentrums Aksums – entlang des lokalen Bachs Mai Hejja und entlang der beiden Querachsen am Bergfußland von Beta Giyorgis und Mai Qoho – natürliche Boden-aufschlüsse untersucht und zusätzliche Bodenproben entnommen und ins Labor geschickt. Auf der Abbildung 9 sind die Entnahmeorte entlang des Mai Hejja durch rote Punkte zu erkennen. Die dadurch erhaltene Datenbasis bildete eine streng empirische Grundlage, die der Beantwortung archäologischer und historischer Fragestellungen dienen konnte.

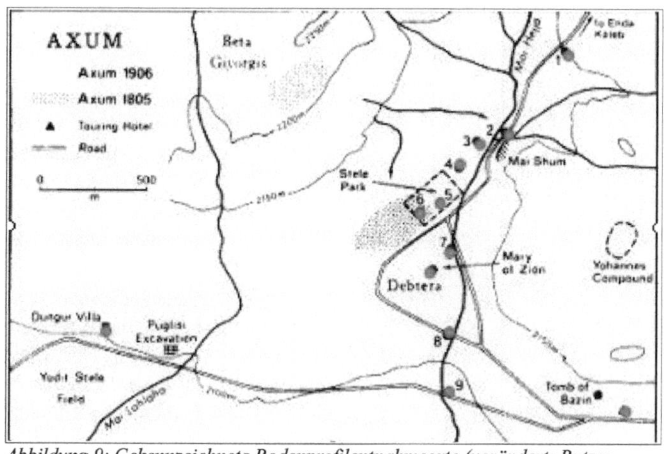

Abbildung 9: Gekennzeichnete Bodenprofilentnahmeorte (verändert: Butzer 1981, 475).

Die ermittelten Daten wurden in Abbildung 10 zusammengetragen, um Beziehungen und Vergleiche zu vereinfachen. Da die Datierung der verschiedenen Sedimentzuwächse teilweise keine zeitlich genauen Grenzen zulässt, sind Unsicherheiten bezüglich des Beginns und des Endes einer Sedimenationsphase durch Fragezeichen markiert. Die Sedimentunterteilung in „Constructional Debris", „Soil Wash", „Fine Alluvium" und „Coarse Alluvium" wurden vereinfacht. So wurden unter „Constructional Debris" künstliche Terrassen und deren Einlagerungen, architektonische Überbleibsel, Trümmer und verschiedener Kulturschutt zusammengefasst. Die „Soil Wash"-Abstufung ist in Aksum stufenlos, sie geht mit anderen Segmenten ineinander über und ist auch so in der Abbildung festgehalten. Die „alluvialen Kategorien" repräsentieren feine und grobe Flussablagerungen, darunter Schluffe und Tone Sande und Kies, die einst vom fließenden Wasser mitgeführt wurden, und die zwischengeschalteten Ablagerungen, wozu Sandschluff- oder Tonsandbindungen mit eingelagerten Linsen oder einzelnen Kieselsteinen zählen (Butzer 1981, 485-487).

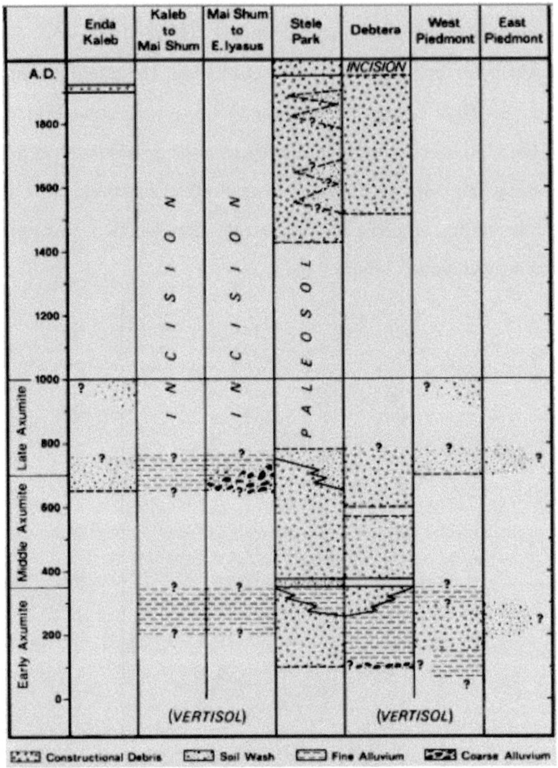

Abbildung 10: Zusammenstellung der Ergebnisse der Bodenprofile (Butzer 1981, 486).

Vierte Sedimentationsphase (19. und 20. Jh.): intensive Landnutzung auf bloßgelegten Flächen

Dritte Sedimentationsphase ??

Zweite Sedimentationsphase (650-800 n. Chr.): starke Bodenersion, periodisch heftige Niederschlagsereignisse, Aufgabe von Siedlungsland

Erste Sedimentationsphase (100-350 n. Chr.): mehr Niederschlag, periodische Überschwemmungen, entwaldete Landschaft, intensive Landnutzung, 2 Ernten pro Jahr

Anhand der Zusammenstellung der Ergebnisse können die Sedimentationsprozesse während der letzten 2000 Jahre nachvollzogen und vier große Sedimentzuwächse ausfindig gemacht werden. Der erste Sedimentzuwachs, der zeitgleich mit der aksumitischen Besiedlung zu sehen ist, begann um das Jahr 100 n. Chr. und endete um 350 n. Chr. Diese Sedimentationsphase war in unterschiedlicher Form an allen Bodenproben außer bei Enda Kaleb zu sehen. Das Sedimentationsmodell (Abbildung 10) nimmt für den Bereich dieser frühaksumitischen Ablagerungen starke periodische Überschwemmungen an, feuchte Hangböden und eine jahreszeitlich hohe Feuchtigkeit. Die Ablagerung von 1-2 m relativ feinen Sedimenten entlang des Mai Hejja Flussbettes und über große Teile des angrenzenden Bergfußlandes impliziert eine beachtliche Materialmobilisation über einen weiten Teil des Einzugsgebiets. Um dieses Maß innerhalb von 1 bis 3 Jh. zu erreichen, kann von einer teilweisen Entwaldung, einer Degradierung der Bodenbedeckung, einer Zunahme der

Häufigkeit von plötzlich auftretendem Oberflächenabfluss nach Regen und einem höheren Scheitelabfluss ausgegangen werden, was durch menschlichen Einfluss beschleunigt würde. Im Kontext der Intensivierung der Landnutzung in frühaksumitischer Zeit würde ein Zusammenfall von nichtmenschlichen und menschlichen Inputs in das Umweltsystem diese schnelle und dramatische Veränderung in der Bodenlandschaft erklären, die jedoch nicht signifikant die Bodenproduktivität veränderte (Butzer 1981, 487).

Die zweite erkennbare Sedimentationsphase begann ca. 650 n. Chr. und dauerte etwa 150 Jahre. Diese mittel- bis spätaksumitischen Ablagerungen von 1-2 m Mächtigkeit unterscheiden sich vom Sedimentzuwachs I in seinem Charakter. Dort finden sich nur wenige Verstisolderivate, dafür aber Hanggeröll und Bauschutt, die wohl von den Hängen erodiert wurden. Diese Boden- und Hanginstabilität wird als Antwort auf sehr intensive Landnutzung in Kombination mit einer weitverbreiteten Aufgabe des Bodens und der Siedlungen gesehen. Zur gleichen Zeit wäre die Flussgewalt, die für den Transport von Felsblöcken notwendig ist, ohne Muhrgänge undenkbar, die durch periodische sehr heftige Regenfälle in Gang gesetzt wurden. Insgesamt hat sich diese Sedimentzuwachsphase II negativ auf die Böden ausgewirkt: Viele Hänge, die mit dünnen Cabisols ausgestattet waren, erfuhren Minderungen hin zu Lithosols, welche nur noch Randbeweidung oder Brandrodung erlaubten. Große landwirtschaftliche Flächen auf der Kuppel oder am Fuße von Beta Giyorgis und Mai Qoho wurden so entweder zerstört oder auf einen Bruchteil ihres landwirtschaftlichen Potentials reduziert. Selbst die milderen Tieflandhänge wurden in Mitleidenschaft gezogen und ihre organischeren und besser durchlüfteten A-Horizonte teilweise weggetragen oder mit sandig steinigen Bodenderivaten des BC- und C-Horizontes überzogen. Diese Phänomene lassen sich unter dem Stichwort der durch den Menschen hervorgerufenen landschaftlichen Degradation zusammenfassen (Butzer 1981, 487f.).

Die dritte Phase des Sedimentzuwachses kann nicht so deutlich abgegrenzt und datiert werden wie die anderen beiden Sedimentzuwächse. So ist bei Enda Kaleb und bei der Dungurvilla eine Sedimentzuwachsphase III zu beobachten, die sich zwar von der Sedimentationsphase II unterscheidet und spätaksumitisch zu sein scheint, von der aber nicht mit Gewissheit auszuschließen ist, dass sie nicht doch Nachsätze zum Sedimentzuwachs II repräsentieren könnte, zumal sie nur bei der Dungurvilla und bei Enda Kaleb auftaucht. Denn es wäre auch möglich, dass die Sedimenationsphase III nur eine kurzfristige geomorphologische „Neueinstellung" darstellt, die einer späten Phase der Siedlungsaufgabe oder -zerstörung folgte. Es bedarf besser datierter Kontexte, um dieses Rätsel lösen zu können (Butzer 1981, 488).

Die letzte Phase des Sedimentzuwachses drückt sich durch Bodenerosion und Schutt im Stelenpark und umgelagerten Trümmern im Debtera sowie durch verschiedene Störungen aus dem 20. Jh. aus. Ihre Aussagekraft und spezifische Interpretation sind zwar nicht eindeutig, aber sie könnten auf erneuten Druck aufgrund von Landnutzung auf einer bereits denudierten Landschaft während des vorletzten Jahrhunderts hindeuten, besonders wenn man die jüngeren Bodenerosionen in den Regionen um Semien und Makalle herum berücksichtigt (Butzer 1981, 488).

So deckte diese geoarchäologische Untersuchung auf, dass in Aksum eine Folge von Landschafts-veränderungen stattfand, die in Verbindung mit den sich in der Zeit verändernden Siedlungsstruktur und der Variablen Wasser steht. Der Sedimentzuwachs I spricht für eine Periode von ungewöhnlich viel Wasser von ca 100 bis 350 n. Chr., die ihren Ausdruck in einer weit verbreiteten Bodenverlagerung findet, aber mit keinen negativen Veränderungen in der potentiellen Bodenfruchtbarkeit einhergeht. Vielmehr verstärkte die klimatische Veränderung die Frühlingsregen, verlängerte die Regenzeit von 3,5 Monaten auf 6-7 Monate, verbesserte die Oberflächen- und das Bodenwasserbelieferung, verdoppelte die Länge der Wachstumsphase und schuf damit eine Umwelt wie sie heute in Zentraläthiopien anzutreffen ist – wo 2 Ernten pro Jahr ohne die Hilfe von künstlicher Bewässerung möglich sind. Dies scheint zu erklären, wie es der heute landwirtschaftlich unbedeutenden Region Äthiopiens damals möglich war, die demographische Basis zu schaffen, um eine weit reichende Handelsmacht entstehen zu lassen. Die Mobilisation von Hangböden wurde hauptsächlich durch diese klimatische Veränderung ausgelöst und durch die Intensivierung der Landnutzung allenfalls beschleunigt. Ob diese günstige Klimaveränderung nach 350 bis zur Zeit des Sedimentzuwachses II anhielt, ist auf Basis der lokalen Funde leider nicht zu beantworten (Butzer 1981, 488f.) .

Während Sedimentzuwachs I eine geomorphologische Antwort auf eine Klimaveränderung anzusehen ist und nicht durch menschliches Wirken ausgelöst sondern nur beschleunigt wurde, stellt Sedimentzuwachs II quasinatürliche Auswirkungen von intensiver Landnutzung dar, welche sich wiederum durch stärkeren Niederschlag verschlimmerte und zu schnellen sinnflutartigen Abflüssen führte. Charakteristische Elemente von solchen Ablagerungen sind umgelagerter Hangboden und Kulturschutt und die Verbindung mit Entvölkerung und teilweiser Nutzungsaufgabe von Land, was bekanntlich auch in Aksum im 8. Jh. der Fall war. Moderne Beobachtungen auf Cambisolen um Makale weisen darauf hin, dass sich bei Regen und Viehhaltung auf ungepflügten Feldern eine Oberflächenkruste bildet, die die Wasserinfiltration einschränkt und so schnellen und zerstörerischen Abfluss bei Stürmen begünstigt. Daraus kann man schließen, dass verlassenes Land besonders anfällig für Bodenerosion ist, insbesondere während der intensiven Regenzeit, d.h. Juli und August. Die Blocktrümmer, die in den niedrigeren Hängen des Beta Giyorgis in Bewegung gesetzt wurden, zeigen nicht nur ungehinderten Oberflächenabfluss an, sondern auch unübliche Abflussspitzen. Folglich ist es wahrscheinlich, dass sie stärkeren Regenfälle, die einst die früh- und mittelaksumitische Landwirtschaft begünstigt haben, schließlich die Zerstörung der aksumitischen Böden beschleunigten und die Ernteergiebigkeit reduzierten (Butzer 1981, 488-490).

5. Geoarchäologische Untersuchungen im Rahmen des IUO/BU Projekts in den 1990ern

Nach einer langen zwanzigjährigen Pause kam Mitte der 1990er Jahre das amerikanisch-italienische Kooperationsprojekt „Archaeological Pilot Project in Northern Ethiopia and Eritrea" des Istituto Universitario Orientale (IUO), Neapel, und der Boston University (BU) zu Stande. Inzwischen hatte sich der Einsatz von geophysikalischen Methoden in der Archäologie durchgesetzt, um zeit- und kostensparend Gelände zu untersuchen. So kamen in Aksum die Fernerkundung, das Georadar und die Widerstandstomographie zum Einsatz.

5.1 Fernerkundung

„Remote Sensing" oder auf Deutsch „Fernerkundung" ist eine Technik, mit der Informationen bezüglich der Erdoberfläche oder anderer nicht direkt zugänglicher Objekte durch Messung und Interpretation der von ihr ausgehenden Energiefelder erhalten werden. Als Informationsträger dient dabei die reflektierte oder emittierte elektromagnetische Strahlung, die durch flugzeug- oder satellitengetragene Sensoren aufgenommen wird. So entstehen Satellitenbilder und Luftbildaufnahmen, durch deren Interpretation Kosten sparend und großflächig mögliche archäologische Fundorte ausfindig gemacht werden können. (Elsevier`s Dictionary of Archaeological Materials and Archaeometry 1996, 241).

Bei der Satellitenbildanalyse (Abbildung 11) wurden sieben Bildpixelfarben ausgewählt, um folgende Einheiten voneinander zu unterscheiden: Vegetation (Wälder) blau, Vertisole gelb, anstehendes Gestein hellblau, erosive Bodenflächen braun, urbane Gebiete grün, mögliche archäologische Fundstellen (Gesteinsschutt durchmischt mit Ton) rot, mögliche archäologische Fundstellen auf erosiven Hängen magenta (Fattovich 2000, 39).

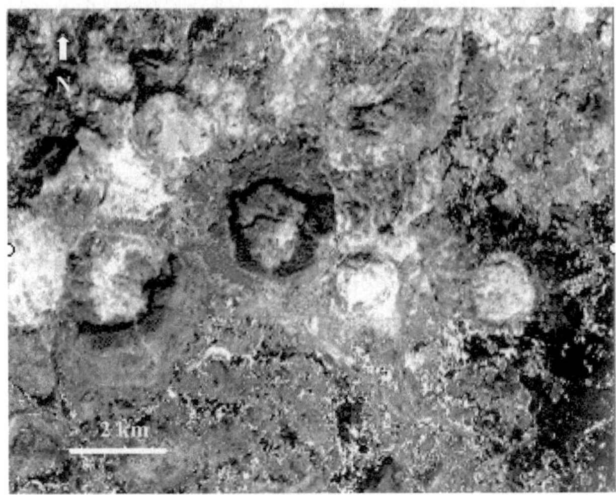

Abbildung 11: Satellitenbild von Aksum mit Pixelklassifikation (verändert: Fattovich 2000, Anhang).

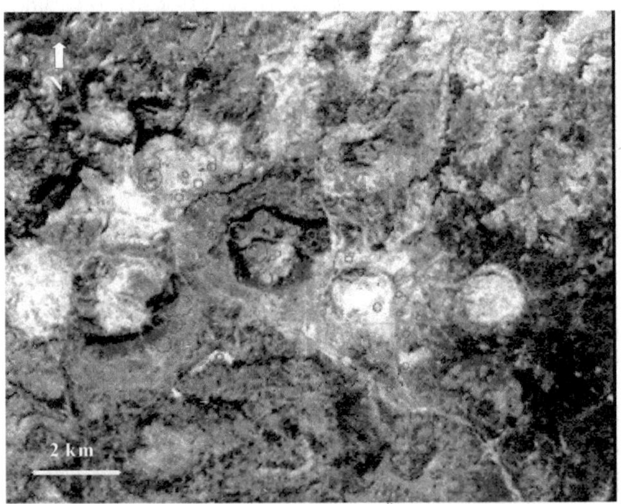

Abbildung 12: Echtfarben-Satellitenbilder mit Überlappung von bereits bekannten archäologischen Strukturen (verändert: Fattovich 2000, Anhang).

Durch Überlappung von bereits bekannten Fundstellen, die mit gelb markiert wurden (und leider ziemlich schlecht auf der Abbildung 12 zu erkennen sind), ist zum einen eine auffällige Überschneidung zu beobachten und zum anderen wird deutlich, wo sich möglicherweise noch weitere Fundstellen befinden, die mit rot umkreist wurden (Fattovich 2000, 39f.).

Ferner wurden Luftbildaufnahmen aus den Jahren 1963 und 1964 zu Rate gezogen, welche sich für eine Interpretation als geeigneter erwiesen als die 1995 aufgenommenen, da inzwischen ein flächenhafte Baumbepflanzung in Aksum durchgeführt wurde. Es wurden mehrere hundert mögliche Fundstellen ausfindig gemacht (Abbildung 13) und es wurde zwischen 2 Kategorien unterschieden: kreisförmige und linienhafte Strukturen – kreisförmige gelb und lineare grün (Fattovich 2000, 40).

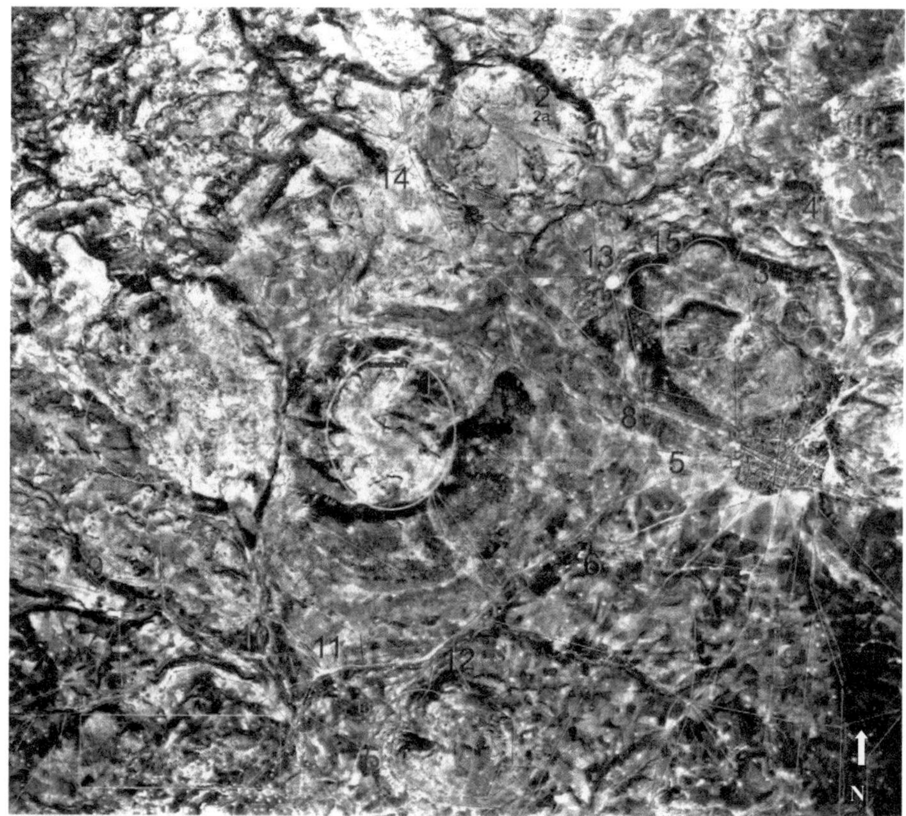

Abbildung 13: Luftbildaufnahme von Aksum, Maßstab 1: 60 000 (verändert: Fattovich 2000, Anhang).

Die Befunde wurden mit aktuellen Karten abgeglichen und es wurde deutlich, dass nur wenige der aus der Luft erkennbaren Strukturen mit heutigen Vorkommnissen in Verbindung gebracht werden können. Diese wurden rot hervorgehoben. Viele sind daher aus vergangenen Zeiten und möglicherweise aus aksumitischer Epoche. Ferner fiel auf, dass einige der erkennbaren Strukturen bereits als Fundorte bekannt waren, was für eine nicht unerhebliche Trefferquote dieser Methode spricht. Um die möglichen Fundstellen besser identifizieren zu können, wurden sie in eine

17

dreidimensionale Karte eingetragen (Abbildung 14). Die bereits identifizierten Befunde wurden ihren archäologischen Surveys nach zugeordnet und mit gelben geometrischen Zeichen markiert. Grüne Markierungen stehen für potentielle Fundorte, welche sich aus der Luftbildinterpretation ergeben haben (Fattovich 2000, 39).

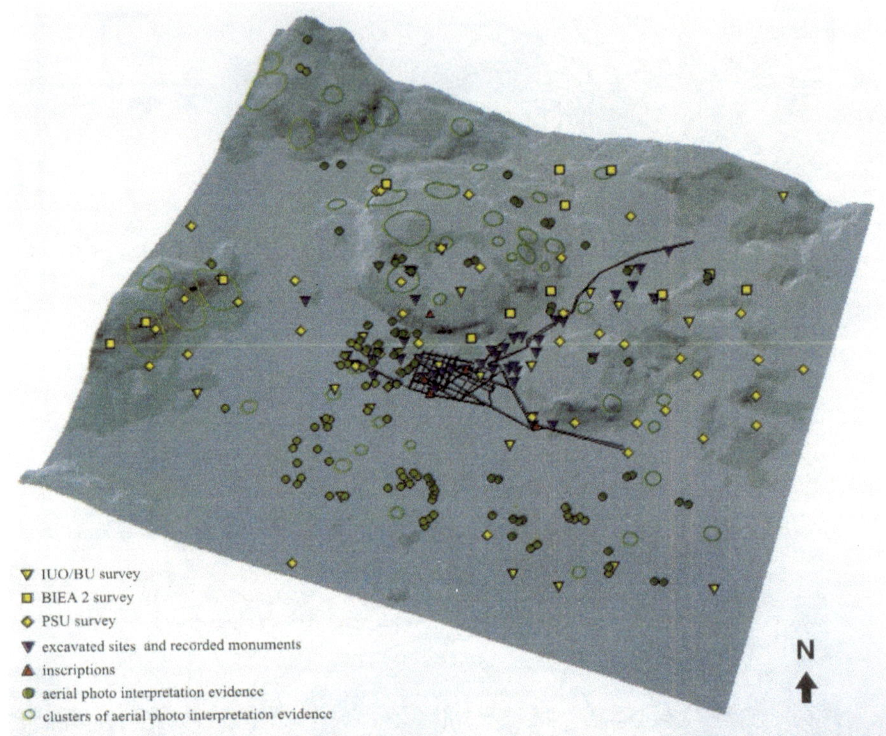

Abbildung 14: Dreidimensionale Karte vom archäologischen Gebiet um Aksum, Maßstab 1:50 000 (Fattovich 2000, Anhang).

5.2 Geoelektrische und elektromagnetische Prospektion

Im Rahmen des „Archaeological Pilot Project in Northern Ethiopia and Eritrea" wurden elektromagnetische und geoelektrische Prospektionen von der Grabstättenregion bei Ona Enda Abboy Zagwe auf dem Rücken von Beta Giyorgis (Abbildung 15) von der Universität Cagliari, Italien, durchgeführt. Bei der elektromagnetischen Prospektion wird durch Elektroden Strom in den Boden gespeist und der Widerstand des Untergrundes gemessen. Da die Grundstoffe der Erdoberfläche unterschiedlich gute Leiter von elektrischem Strom sind und sich damit der elektrische Widerstand von Stoff zu Stoff unterscheidet, kann anhand des Widerstandes die Struktur und der stoffliche Aufbau des Untergrunds untersucht werden (Ullrich et al. 2007, 84-87).

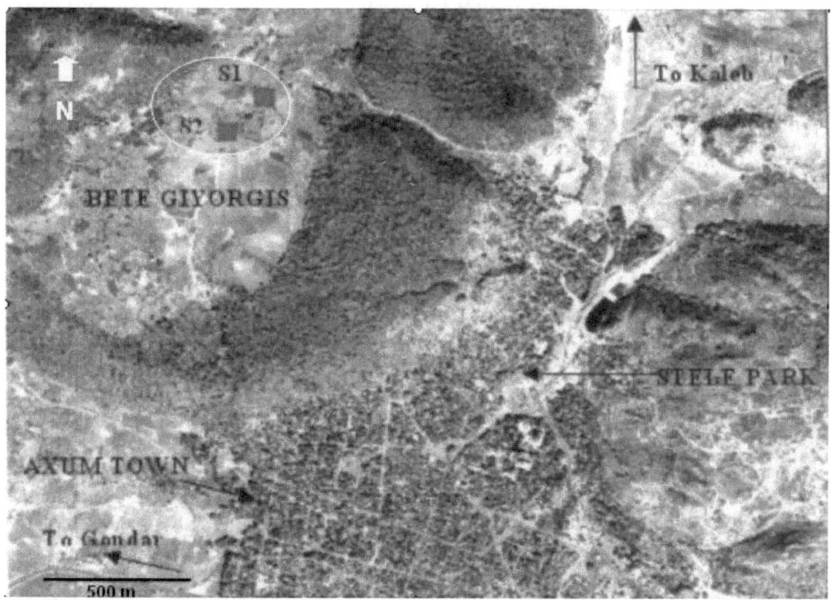

Abbildung 15: Lage des untersuchten Gebiets, rot markiert (verändert: Balia et al. 2003, 368).

Bei der elektromagnetischen Prospektion mit dem Georadar handelt es sich um ein Ultrabreitband-Verfahren, das sehr kurze Impulse von wenigen Picosekunden bis zu einigen Nanosekunden Länge von der Oberfläche in den Untergrund sendet und nach Reflexion an Objekten oder einer Schichtgrenze wieder aufnimmt. Die Ausbreitung der elektromagnetischen Wellen im Untergrund ist dabei stark von den im Boden befindlichen Strukturen abhängig, die Reflexion, Streuung, Beugung und Transmission der eingestrahlten Welle hervorrufen und damit Strukturunterschiede wiedergeben. Aufgezeichnet werden die Laufzeit, die Phase und die Amplitude der reflektierten Welle (Ullrich et al. 2007, 78-81).

Am südlichen Rand des Hanges im südwestlichen Bereich von Ona Enda Abboy Zagwe war bereits ein Steingrab durch Ausgrabungen identifiziert worden und weitere Gräber wurden dort vermutet. Sechs Gelände wurden dort untersucht, A, B, C1, C2, D und E benannt. Gelände A beherbergte das bereits bekannte Grab und sollte nur als Test dienen. In den Geländen B, C1, C2 und D waren klare geoelektrische und elektromagnetische Anomalien zu erkennen. Im Abschnitt E wurden hingegen keine starken Anomalien entdeckt; man kann davon ausgehen, dass hier keine weiteren Untersuchungen nötig sind.

Abbildung 16 zeigt die Widerstandstomographie von Gelände B, das durch Dipol-Dipol Verfahren den scheinbar spezifischen Widerstand wiedergibt und eine klare Widerstandsanomalie aufweist, denn während sich der Hintergrundwiderstand im Bereich von 50-100 ohm-m befindet, wurde im mittleren Teil des scheinbar spezifischen Widerstands, in einer Tiefe von ca. 3,50-4,50 m eine Widerstandsanomalie von mehr als 600 ohm-m gemessen (Balia et al. 2003, 369).

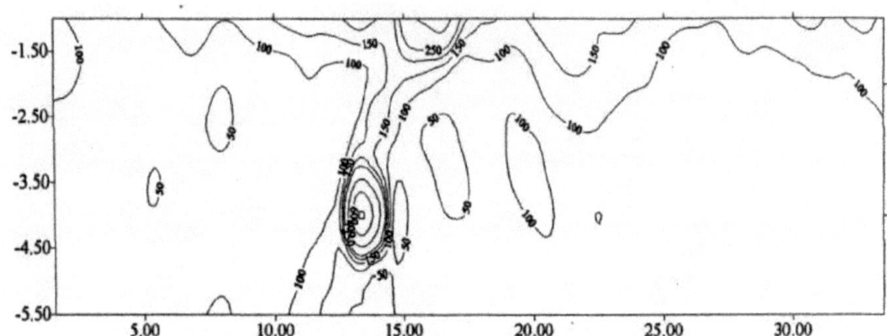

Abbildung 16: Widerstandstomographie im Gelände B, spezifischer Widerstand in ohm-m (Balia et al. 2003, 370).

Auch bei der Georadaraufname von Gelände B (Abbildung 17) zeigen sich gut definierte Anomalien, welchen einen Gegenstand mit einer Breite von 1,50 m und einer errechneten Tiefe von 2,2 m links und 2,8 m rechts abbilden (Balia et al. 2003, 369).

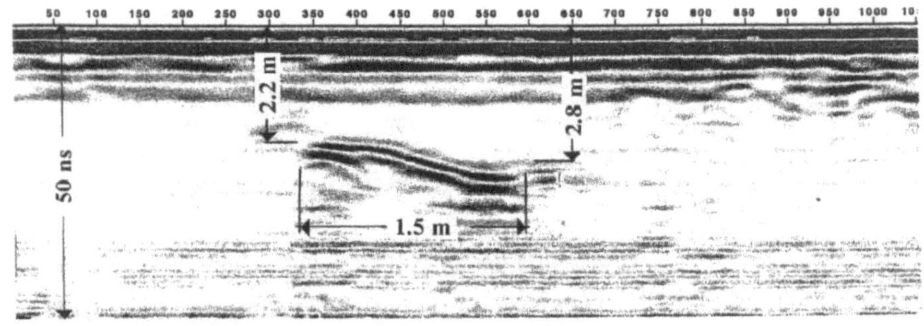

Abbildung 17: Georadaraufnahme im Gelände B (Balia et al. 2003, 370).

Die elektromagnetische und geomagnetische Prospektion haben sich als geeignete Methoden erwiesen, um kosten- und zeitsparend den Untergrund auf archäologische Großstrukturen hin zu „durchleuchten". So enthüllten Testausgrabungen im Gelände B – wie aufgrund der Voruntersuchungen vermutet – ein weiteres Steingrab (Abbildung 18).

Abbildung 18: Eingang zum Grab, das im Gelände B gefunden wurde (Balia et al. 2003, 371).

6. Neueste geoarchäologische Untersuchungen von Charles French, Frederica Sulas und Marco Madella

Aufgrund von makroklimatischen Bedingungen und Butzers geoarchäologischer Studie, welche auf höhere Niederschlagsmengen in früh- und mittelaksumitischer Zeit hindeutete, ist davon ausgegangen worden, dass die frühere Vegetation durch offenen Laubwald, Sträuchern auf gestuften Felshängen und immergrüne Elemente wie Zedern, Feigen und Palmen in der Nähe von Bächen und Quellen geprägt war. Folglich seien erst mit der Besiedlung eine Degradation der Pflanzendecke und eine fast gänzliche Entwaldung des Bergfußlandes und der Bergkuppen eingetreten (Vgl. Fattovich 2000, Michels 2005).

Hinzu kommt, dass viele Archäologen (wie beispielsweise Michels 2005) immer noch der Bewässerung eine Schlüsselrolle für den Ursprung und die Expansion der voraksumitischen und aksumitischen Kultur zusprechen – in Anlehnung an Wittfogels Hydraulikhypothese (1957), die von einem zentral kontrollierten und organisierten Wassermanagement ausgeht, um die Entwicklungen von Zivilisationen von Asien bis Afrika zu beschreiben. So hat sich die Ansicht, dass Bewässerung bzw. Wasserkontrolle eine wichtige Etappe in Richtung zentralisiertem Staatsapparat darstellen, lange als Erklärung für die unterschiedlichen Entwicklungen verschiedener Regionen gehalten. Ein ausgetüfteltes Bewässerungssystem hätte sich auch schön in das Bild der kulturellen Überschneidungen zwischen dem Reich von Da'amot und dem sabaischen Reich in Südarabien eingefügt, das für seine hydraulischen Meisterwerke, die bis heute überlebt haben, bekannt ist (Sulas et al. 2009, 2-10). Doch neuste geoarchäologische Studien einer englisch- spanischen Kooperation (Cambrige, Barcelona) auf dem Nordhang von Beta Giyorgis und der darunter liegenden Ebene (Abbildung 19), die auf Peilstangensondierung, makro- und mikromorphologische Sedimentuntersuchung, Pollenanalyse und Untersuchungen an Phytolithen sowie an verkohltem Holz basieren, beweisen endgültig, dass es weder eine Bewässerung noch Wälder in der Aksum-Region gab. Sie geht sogar noch weiter und widersprecht Butzers Folgerungen von starken landschaftlichen Veränderungen während des 1. Jahrtausends n. Chr. (French et al. 2009, Sulas et al. 2009).

6.1 Pollenanalyse, Phytolithen- und Holzkohleuntersuchungen

Ablagerungen im großen Siedlungsgebiet von Ona Nagast (ca. 400 v. Chr.- 550 n. Chr.) bei Beta Giyorsgis beinhalteten reichlich Kräuter-, Gras- und Buschpollen, wohingegen Baumpollen kaum gefunden wurden. Bei den wenigen gefundenen Baumarten kann davon ausgegangen werden, dass sie sich an steinigen Hängen oder in der Nähe von Bächen konzentrierten. Aus dieser palynologischen Untersuchung kann geschlussfolgert werden, dass in der Aksum-Region keine Wälder vom mittleren/späten 1. Jahrtausend v. Chr. bis zum frühen/mittleren 1. Jahrtausend. n. Chr. vorhanden waren. Es ist sogar wahrscheinlich, dass Bäume auch in den umgebenden Regionen sehr selten waren, d.h., dass ein Vegetationsbild vorherrschte, das dem heutigen sehr ähnlich ist und mit dem Begriff „lichte Savanna" umschrieben werden kann (Sulas et al. 2009, 220).

Ferner bewiesen Untersuchungen von Holzkohle und Phytolithen, die entlang des Flusses May Hibai Goda (Abbildung 19) entnommen wurden, dass das Holz zwischen 1430 und 1630 verbrannt wurde und dass die Phytolythen von der Akazie und der Cordia stammen. Weitere Holzüberreste von Akazien und Cordia wurden in aksumitischen Gebäuden gefunden und auf das 1. oder 2. Jh. datiert. Die Ergebnisse aus der Pollen- und Phytolitenanalyse deuten auf eine stabile Vegetation zwischen 500 v. Chr. und 500 n. Chr. hin und widersprechen den Annahmen, dass es zu einer Degradation der Vegetation mit Siedlungsbeginn in dieser Region kam. Die Holzkohle-untersuchungen wiederum sprechen für eine Phase von Verwüstung und Brandschatzung zu Beginn der Neuzeit. Dies wird durch historische Überlieferungen bestätigt, welche für das 16. und 17. Jh. von verschiedenen militärischen Konflikten zwischen Christen und Muslimen sprechen, in deren Verlauf Aksum mehrmals zerstört und verwüstet wurde (French et al. 2009, 230-232).

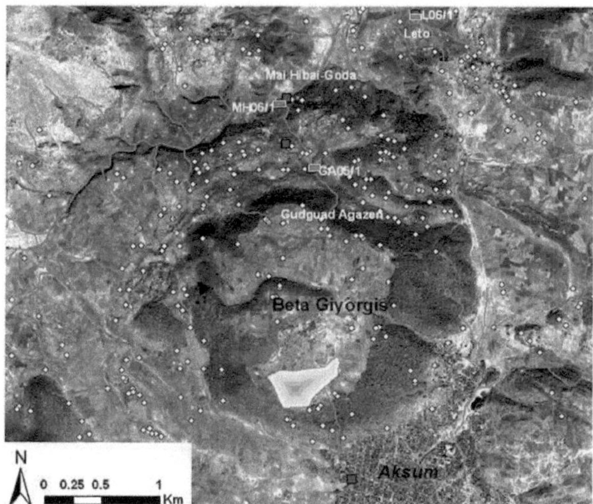

Abbildung 19: Satellitenbild von Aksum und Beta Giyorgis mit der Lage der entnommenen Bodenprofile, Maßstab 1:50 000 (verändert: French et al. 2009, 221).

6.2 Peilstangensondierung, makro- und mikromorphologische Sedimentuntersuchung

Der nördliche Hang und die darunter liegende Ebene, welche bereits in frühaksumitischer Zeit besiedelt waren, wiesen eine stratigraphische Abfolge von Bodenschichten auf, welche in Verbindung mit höherer Feuchtigkeit und einer stärkeren Vegetation als heute standen, aber überraschenderweise stabile Verhältnisse in aksumitischer Zeit aufwiesen. So wurden auf mittlerer Höhe des Nordhanges von Beta Giyorgis entlang des Gudguad Agazen Bachs (Abbildung 19), auf ca. 2130 m im Bodenprofil Merkmale von Bodenbildung (Tabelle 1) gefunden (French et al. 2009, 222f.).

Tabelle 1: Bodenprofilbeschreibung bei 15° 64' 60" N 37°46' 85" O (French et al. 2009, 223).

Depth	Field description	Micromorphology observations
0–20 cm	Topsoil; reddish (2.5 YR 5/6) silty sand loam; crumb to loose structure, friable, dry, with coarse sands and quartz gravels; common rooting; diffuse boundary	
20–130 cm	Reddish (2.5 YR 4/6) silty sand loam; weakly developed crumb structure; friable, dry and dominated by fine sands with few quartz gravels; few earthworm and root channels; diffuse boundary	80–87 cm: moderately sorted clay loam; weakly developed, porous crumb structure; strong amorphous iron impregnation; common micro-laminated limpid clay; limited organic matter and commonly iron-replaced; limited charcoal and rare excremental features
130–140 cm	Reddish silty clay loam (2.5 YR 4/4); pH is slightly basic 6.9 and water content is very low; positive correlation between magnetic susceptibility value and clay content; sharp boundary	122–134 cm: as above, porosity drastically reduced; amorphous iron-manganese, micro-laminated limpid clay, and organic matter decrease; rare excremental features; thin laminae (5 mm) of coarser sands
140–166 cm	Dark brown (10 YR 3/3) silt clay loam; small irregular sub-angular blocky structure displaying oxidized organic matter and sand-size mottles of manganese	160–175 cm: moderately sorted silty clay loam with well developed angular blocky structure; moderate plane-dominated porosity with ped boundaries well expressed; moderate amorphous iron impregnation; limited micro-laminated clay and common coarse clay; limited amorphous organic matter is limited
166–194 cm	Dark brown (7.5 YR 4/3) silty clay loam; well developed columnar blocky structure; highly organic and oxidized with peak in total organic and calcium carbonate contents; phytolith assemblage shows a predominance of long-cell and bulliform types, and few short-cells	176–191 cm: silty clay loam with moderately developed sub-angular blocky structure; channel-porosity slightly increased; moderate amorphous iron impregnation; limpid and dusty clay very common; increased organic matter
196–230 cm	Dark brown (10 YR 3/4) silty clay loam; massive columnar blocky structure; moist and plastic with high water content and slightly acidic pH (5.9)	191–204 cm: silty clay loam with well developed columnar structure (191–201 cm), degrading to angular blocky and crumb down-profile; vughy porosity and amorphous iron impregnation as above; common dusty clay and decreased micro-laminated clay; abundant charcoal and limited organic matter; rare excremental features
+230 cm	Water table	

Auch das zweite und dritte Profil, das auf der südlichen Bank der Mündung des Mai Hibai-Goda Flusses und dem Gudguad Agazen Bachs und der leicht fallenden Terrasse bei Leto entnommen wurde (Abbildung 19), weisen 3 Phasen von Bodenbildung auf (Tabelle 2 und 3) (French et al. 2009, 224-228).

Tabelle 2: Bodenprofilbeschreibung bei 15° 65' 23" N 37°46' 83" O (French et al. 2009, 227).

Depth	Field description	Micromorphology observations
0–20 cm	Ploughsoil; light reddish brown sand loam; loose to crumb structure; dry, friable, with common gravels and rooting;	
20–120 cm	Reddish brown silty loam (5 YR 5/4) with loose to crumb structure; dry, friable, with common gravels and rooting	90–98 cm: poorly sorted sand/silt loam with a moderately developed sub-angular blocky structure; highly porous; strong iron-manganese impregnation; common dusty clay; abundant micro-laminated limpid clay increasing down-profile; limited organic matter and charcoal;
120–145 cm	Reddish brown (5 YR 4/6) sand/silt loam	
145–195 cm	Fine alluvium	
195–210 cm	Dark brown (10 YR 3/4) silty clay loam	180–197 cm: silty clay loam with moderately developed sub-angular blocky structure and sorting improving down-profile; increased vughy porosity; strong iron-manganese impregnation; common micro-laminated and non-laminated limpid clay and dusty clay; slight increase in organic matter and charcoal; rare faecal spherulites (10–15 μm);
	ca. 210 cm: charcoal-rich surface with orange clay;	210–230 cm: poorly sorted silty clay loam with weakly developed sub-angular blocky structure; porosity drastically reduced; moderate iron–manganese impregnation; limpid clay present; common organic matter and charcoal; few faecal spherulites (10–15 μm)
210–290 cm	Very dark brown (10 YR 2/1) silty clay loam with fine sub-angular blocky structure	
290–360 cm	Riverbed boulder sequence covered by fine grains and coarse to medium sands	
+360 cm	Bedrock	

Tabelle 3: Bodenprofilbeschreibung bei 15° 66' 44" N 37°46' 92" O (French et al. 2009, 227).

Depth	Field description	Micromorphology observations
0–20 cm	Ploughsoil; brown (7.5 YR 4/4) sand/silt loam with crumb structure; common gravels and rooting; dry, friable	
20–75 cm	Brown (7.5 YR 4/2) sand/silt loam with crumb structure; common gravels and rooting; diffuse boundary	60–70 cm: sand/silt loam with moderately developed sub-angular structure and porosity; strong iron–manganese impregnation, mottling also present; limpid clay with occasional micro-lamination, dusty and silty clay significantly increases down-profile; silt crusts are seen toward the mid to bottom; abundant organic matter and micro-charcoal (>10 µm) and charcoal; common amorphous excremental matter, rare faecal spherulites (10–15 µm) and long-cell phytoliths
75–90 cm	Dark brown (10 YR 4/3) silty clay loam with moderately developed sub-angular blocky structure; common fine sands, rooting and charcoal; sharp boundary	
90–95 cm	Orangey brownish (5 YR 5/6) sand/silt *lamina*; sharp boundary	
95–170 cm	Dark brown (10 YR 5/2) silty clay loam with well developed angular blocky to columnar structure; diffuse boundary 95–125 cm: pH of 7.2	135–147 cm: well sorted sand/silt loam with a well developed angular blocky structure; moderate planar porosity; common iron–manganese mottling; limpid clay is common; silt coatings are present; abundant organic matter and charcoal; few feacal spherulites (10–15 µm)
170–195 cm	Very dark brown (10 YR 4/2) silty clay, vertic-like soil with moderately developed sub-angular blocky structure	174–184 cm: moderately sorted silt clay loam with a weakly developed sub-angular blocky structure; moderate vughy porosity; strong iron–manganese impregnation; common limpid and dusty clay; common amorphous organic matter and limited charcoal; few feacal spherulites (10–15 µm) and calcite spherulites (100–200 µm)
195–206 cm	Very dark brown (10 year 3/2) silty clay, vertic-like soil with moderately developed sub-angular structure; gravels and coarse sands at the bottom; pH of 7.9	195–206 cm: three levels distinguished by different sorting and porosity: – 195–197 cm: sand loam with moderately developed sub-angular blocky structure; moderate porosity; common clay; rare feacal spherulites (10–15 µm) and charcoal; few long-cell phytoliths – 197–200 cm: reduced porosity; decrease in coarse material and increased clay content; few faecal spherulites (10–15 µm) and charcoal; few globular echinate phytoliths – 200–206 cm: moderate vughy porosity; increased coarse fraction with few gravels and common sands; increased clay content
+ 206 cm	Water table	

Die untersuchten Abfolgen und die Bodenprofile lassen folgende Landschaftsentwicklung annehmen. Es gibt scheinbar drei Hauptbereiche von Bodenentwicklung in den Profilen, die sowohl am mittleren als auch am unteren Nordhang von Beta Giyorgis als auch in der Auebene nordöstlich davon zu erkennen sind. Auf mittlerer Hanghöhe entlang der Nordseite von Beta Giyorgis weist der Boden ein Profil auf, das auf Bodenbildung während einer stabilen Periode mit guter Vegetation und wahrscheinlich mehr Feuchtigkeit als heutzutage hindeutet. Es gab demnach eine dynamischere Periode mit jahreszeitlicher Anschwemmung und Aggradation sowie beginnender Bodenbildung, welche auf eine energiearme Erosionsumwelt mit geringer Bodenbewegung hangabwärts hinweist. Dies könnte in Verbindung mit geringem menschlichen Einfluss auf die Hänge stehen. Später hat sich die Sedimentationsenergie verändert – wohl aufgrund von menschlichem Einfluss und dem damit in Verbindung stehenden Pflugackerbau und den freiliegenden, weitgehend vegetationsfreien Hängen. Als Folge davon hat sich Hangmaterial angesammelt. Die oberen 50 cm dieser Bodenfolge sind hingegen wahrscheinlich die Auswirkungen der im 20. Jh. vom Staat geförderten Terrassierung und der damit verbundenen Hangerosion (French et al. 2009, 228).

Am Fuße des Hanges, wo der Gudguad Agazen und der May Hibai-Goda zusammenfließen, hat eine Vielzahl von Prozessen stattgefunden. In verschiedenen Gebieten, besonders Richtung Bergfuß, findet sich eine bis zu 3 m mächtig Sedimentakkumulation. Darunter findet sich Geröll, welches auf schnellfließendes Wasser in Verbindung mit kälteren Klimabedingungen hinweist. Tatsächlich sind weiter östlich im Tigray Beweise für periglaziale Bedingungen gefunden worden.

Über diesen Flussablagerungen ist ein in situ vertischer Boden entstanden (bei 210-290 cm). Ein ähnlicher tonangereicherter Boden ist in einem zweiten Profil zu sehen – 100 m flussabwärts – etwa 200 cm unter der jetzigen Grundoberfläche. Die Entwicklung eines wohlstrukturierten tonangereicherten braunen Bodens weist in beiden Fällen auf eine stabilere Landschaft hin, höchstwahrscheinlich in Verbindung mit einer Erwärmung und der Etablierung einer Vegetationsdecke. Möglicherweise ist dieser tonhaltige braune Boden über ein weit größeres Gebiet entlang der flach abfallenden Terrassen erhalten, die sich zwischen Beta Giyorgis und der Leto Ebene befinden. Die Beschaffenheit und das relativ große Vorkommen organischen Materials in Verbindung mit dem Paläosol von Leto sind vielleicht Hinweise auf Siedlungsaktivitäten. Interessanterweise ist eine Ortschaft am May Hibai-Goda Fluss gefunden worden, welche auf die frühaksumitische Zeit datiert wird. Nichtsdestotrotz lässt die Abwesenheit von Horizontentwicklung in den Ablagerungen entlang des Flusses vermuten, dass es sich nicht unbedingt um den Paläosol handeln muss, sondern dass es auch alluviale Ablagerungen sein könnten, welche durch einige stabile Phasen nach ihrer Aggradation geprägt wurden. So sind weitere Untersuchungen nötig, um die Beschaffenheit dieser Ablagerungen zu bestimmen. Der obere Teil des vertischen Bodens war durch Kohlestückchen durchzogen, deren Datierung bereits angesprochen wurde. Über dieser kohlereichen Schicht befinden sich 75 cm sandiges bis schluffiges Hangspülungsmaterial mit einigen Anzeichen von Stabilisation. Diese Schicht ist überdeckt von orange-roten/braunen Schluffablagerungen mit reichlich ungerundeten Steinen, wahrscheinlich Kolluvium, das in Verbindung mit modernen landwirtschaftlichen Praktiken stehen könnte (French et al. 2009, 228-230).

Aufgrund der Untersuchungsergebnisse wird das Modell von Butzer stark in Frage gestellt. Während dieser zwei bis drei instabile Bodenphasen im ersten Jahrtausend n. Chr. feststellte, bescheinigen die neuesten geoarchäologischen Untersuchungen ein sehr stabiles erstes Jahrtausend n. Chr. Die alluvialen Ablagerungen seien demnach jüngeren Alters und zwar aus den letzten 5 bis 4 Jahrhunderten. Folglich war die Landschaft zu aksumitischen Zeiten stabil, was sich in der Bodenbildung mit vertischen Eigenschaften zeigt (French et al. 2009, 232f.).

7. Zusammenfassung

In dieser Arbeit, in der verschiedene geoarchäologische Studien zusammengetragen wurden, wurde deutlich, welch große Bedeutung die Geoarchäologie in der Rekonstruktion der Vergangenheit einnimmt. Es hat sich gezeigt, dass viele Annahmen, die von Archäologen und Geoarchäologen getroffen wurden, neu geprüft und gegebenenfalls überdacht werden müssen. So bleibt selbst Butzers Modell der aksumitischen Landschaftsentwicklung nicht von neuen Erkenntnissen verschont. Dieser stellte vier große Phasen des Sedimentzuwachses fest, die erste vermutlich zwischen 100 und 350 n. Chr., welche seiner Schlussfolgerung nach auf heftigen Niederschlag mit starken periodischen Überschwemmungen hinweist – auf einer Landschaft, die bereits teilweise komplett entwaldet und aufgrund von intensiver Landnutzung degradiert war. Die zweite Phase des Sedimentzuwachses, wohl zwischen 650 und 800, deutet seiner Meinung nach auf eine Zeit mit starker Bodenerosion aufgrund intensiver Landnutzung und heftigen periodischen Niederschlägen hin, in Kombination mit einer voranschreitenden Entvölkerung der Siedlung. Die dritte Phase, möglicherweise auf das Ende des 1. Jahrtausends datiert, könnte laut Butzer eine weitere Phase von Bodenerosion repräsentieren, die durch späte Aufgabe oder sogar Zerstörung der Siedlung verursacht wurde. Die vierte Phase von Sedimentzuwachs, die auf das 19. und 29. Jh. datiert wird, hängt seinem Modell nach mit einer jüngeren Phase der Bodenerosion zusammen, die auf eine intensive Landnutzung auf einer größtenteils bloßgelegten Landschaft zurückgeht.

Doch dieses Modell steht im Widerspruch zu neueren geoarchäologischen Ergebnissen, welche eine Landschaftsstabilität im ersten Jahrtausend n. Chr. für diese Region bescheinigen. Diese Annahme beruht zum einen auf Bodenprofilen, welche vom Nordhang von Beta Giyorgis und der darunter liegenden Ebene entnommen und in denen mehrere Phasen von Bodenbildungsprozessen entdeckt wurden. Zum anderen wurden auch Pollenanalysen, Phytolithen- und Holzkohleuntersuchungen durchgeführt, welche gegen eine Vegetationsdegradation sprechen und vielmehr ein Bild zeichnen, dass der heutigen Vegetation sehr ähnlich ist. Diesen Ergebnissen nach sei die landschaftliche Degradation erst in den letzten 5-4 Jahrhunderten eingetreten. So ziehen diese neuen überraschenden Ergebnisse viele weitere Fragen nach sich und erfordern weitere Untersuchungen.

Nichtsdestotrotz beschäftigte sich die Geoarchäologie in Aksum nicht nur mit der Landschaftsrekonstruktion, sondern sie kam auch in Form von geoelektrischen und elektromagnetischen Prospektionen zum Einsatz. Auf diese Weise „durchleuchteten" Geoarchäologen einen von Archäologen ausgewiesenen Untergrund auf Gräber hin und wurden dort auch fündig. Ferner dienten Satellitenbildanalysen und Luftbildinterpretationen dazu, mögliche archäologische Fundstellen bereits aus der Luft ausfindig zu machen, um so Kosten und Zeit zu sparen. Auch diese

Methode erwies sich als große Hilfe für weitere archäologische Grabungen.

Literatur

Balia R. Haile,T., Tamiru A. Abiye , Vernier A. (2003). Geophysical study at the archaeological site of the Bete Giyorgis, Axum, Northern Ethiopia. Africa Geoscience Review 10(4), 365-372.

Butzer, K. (1981). Rise and Fall of Axum, Ethiopia. A Geo-Archaeological Interpretation. In: American Antiquity 46(3), 471-495.

Dumont Atlas der Weltgeschichte (2000). Hg. von Black, J., Köln: Dumont.

Fattovich, R., Bard, K., Petrassi, L. Pisano, V. (2000). The Aksum Archaeological Area. A preliminary Assessment, Neapel: Istituto Universitario Orientale.

French, C., Sulas, F., Madella, M. (2009). New geoarchaeological investigations of the valley systems in the Aksum area of northern Ethiopia. In: Catena 78(3), 218-233.

Elsevier`s Dictionary of Archaeological Materials and Archaeometry (1996). Hg. von Goffer, Z., Amsterdam: Elsevier.

Lexikon Alte Kulturen (1990). Hg. von Brunner, H., Flessel, K., Hiller, F., Mannheim/Wien/Zürich: Meyers Lexikonverlag.

Michels, J.(2005). Changing settlement patterns in the Aksum-Yeha region of Ethiopia. 700 BC-AD 850, Oxford: Archaeopress.

National Atlas of Ethiopia (1988). Addis Adeba: Ethiopian Mapping Authority.

Sulas, F., Madella M., French, C. (2009). State formation and water resources management in the Horn of Afrika. The Aksumite Kingdom of the northern Ethiopian highlands. In: World Achaeology 41(1), 2-15.

Ullrich, B., Meyer, C., Weller, A. (2007). Geoelektrik und Georadar in der archäologischen Forschung. Geophysikalische 3-D Untersuchungen in Munigua, Spanien. In: Einführung in die Archäometrie. Hg. von Wagner, G., Berlin/Heidelberg: Springer.

Wittfogel, K. (1957). Oriental Despotism. A comparative Study of total Power, New Haven: Yale University Press.